奇趣香港史探案 02

開埠時期

周蜜蜜 著

中華書局

奇趣香港偵探團登場

上一冊說到，原來在石器時代，香港已有人類活動啊！

華港秀

還有啊！香港的太平清醮在清朝時期已經開始。

馬冬東

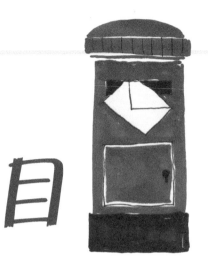

目錄

香港古今奇案問答信箱

圖說香港大事

偵探
案件1

尖沙咀命案與上環大笪地

地笪大環

這一天，是星期六。

午後的陽光，照射在高樓大廈的玻璃幕牆上，閃閃發亮。

馬冬東和華港傑、華港秀跟着明啟思教授與華偉忠爺爺，興沖沖地來到位於尖沙咀的紅磡火車站。

他們一行人進入火車站的大堂，走到直通火車的乘客出閘口，全神貫注地看着每一個走出來的乘客。因為明教授的一位好朋友，他們也熟悉的宋國康教授，從廣州來香港參加一個學術會議，他們一起來迎接。

這一班火車的乘客真多，男男女女、老老少少的都有，馬冬東覺得自己的兩隻眼睛都不夠用呢。

忽然，他看到人羣中有一個高大的男子，那一張熟悉的臉孔出現了，忍不住興奮地跳起來叫出聲：

「宋教授伯伯！宋教授伯伯！」

大家一看，果然是宋國康教授正向出閘口走過來。

於是，明教授和華爺爺、華港傑、華港秀一齊迎上前去。

宋教授非常高興地和大家打招呼，然後一起走上行人天橋，到火車站附近的酒店裏去。

宋教授辦好了入住的登記手續，就與大家到餐廳坐下來吃下午茶。

從座位上望出去，可以見到尖沙咀附近寬闊的海面。

宋教授説：

「這裏的風景真美麗！」

「是啊。」明教授問：「你們這一次的學術會議，研究的論題是甚麼呢？」

宋教授答道：

「就是有關於林維喜命案與香港歷史的論題。」

馬冬東瞪大眼睛問：

「林維喜命案？那是怎麼一回事？為甚麼一椿命案會和香港歷史扯上了關係？」

華港傑説：

「我知道，因為我從網上看過這段歷史的描述，而剛好也有同學寫信到我的專欄信箱提及這件事。」

明教授説：

「很好啊，傑仔，你就來說一說給大家聽。」

華港傑打開一本記事薄，就像一個偵探報告案情一樣，胸有成竹地說：

「這命案發生在 1839 年，兇案地點是在尖沙咀的一條村落。漁民林維喜的妻子在自己家門前一棵大樹下乘涼，有一艘英國商船在尖沙咀海面停泊，幾個醉酒的英國水手上了岸，把林太太團團圍起來，毛手毛腳地非禮她。」

馬冬東焦急地說：

「林維喜知道嗎？他怎樣做？」

華港傑接着說：

「他聞風立即趕到，保護妻子！」

華港秀擔心地問：

「可是他一個人，可以趕走那些流氓嗎？」

華港傑搖搖頭，繼續說：

「我們都能想象得到，他實在是寡不敵眾，那羣水手圍着他拳打腳踢，林維喜最後傷重不治……」

馬冬東說：

「不能白白放過這些兇手！一定要為林維喜討回公道。」

華港傑說：

「許多村民被驚動了，紛紛趕到現場跟這些兇徒搏鬥，其中也有一些人受了傷。村民們怒火衝天，前來助陣的人愈來愈多，兇徒見勢色不對，才急急忙忙逃回船上去。」

華港秀忿忿不平地説：

「豈有此理！就算逃到天涯海角，也要把他們繩之於法！」

華港傑突然做了一個柔道招式，好像真的要把人摔在地上一樣：

「我真想親手把他們逮捕歸案，可惜事與願違。」

華爺爺說：

「那時候的英國駐華商務總監義律 (Charles Elliot) 竟然想掩飾真相，找到林維喜的兒子，用錢收買他，要他證明英國水手沒有殺人，同時又賄賂村民和有關官員。但這些無恥的伎倆，都騙不過當時的欽差大臣林則徐！」

宋教授接着說：

「是啊，林則徐識破了義律的陰謀詭計，命人徹底查辦，結果真相大白！林則徐要求義律交出兇手，但義律只答應賠償死者家屬，不肯交出兇手，還擅自將五個兇手送回英國本土的監獄，把林則徐蒙在鼓裏。」

華港秀氣憤地說：

「這怎麼行？這樣不公平啊！」

華港傑說：

「就是嘛！林則徐知道兇手已經送回英國後，立即下令禁止英國人的一切貿易，並且派兵開進澳門，進一步驅逐英國人出境、停止供應食物給英國人。英國人只好撤離澳門，寄居在貨船上。」

馬冬東問：

「為甚麼他們不返回英國？」

華港傑說：

「英國人遠道而來是為了貿易，他們不但沒有離開，還繼續派人與林則徐談判，要求解除禁令，恢復貿易，可林則徐堅決拒絕了。」

華港秀拍手說：

「好！當然要懲罰一下他們！」

華爺爺說：

「義律不甘罷休。1939 年 9 月，義律率領軍艦前往九龍山，即是今日土瓜灣附近的海峽，要求買食物食水，清軍拒絕，英國軍艦馬上開火，清兵也開炮反擊，英軍最後被擊退，逃回尖沙咀海面。」

華港秀說：

「義律包庇兇手，又挑起戰爭，可惡！」

華爺爺說：

「1939 年 11 月，義律再次發動攻勢，十天內六次攻擊官涌山，就在今天的佐敦一帶，結果又被擊退，英軍只好撤離尖沙咀。」

明教授説：

「義律死不甘心，到了 1840 年初，英方集結了 40 多艘戰艦，合共 4 千多人，大舉北上，終於爆發了鴉片戰爭。」

華港秀問：

「爺爺，鴉片其實是甚麼東西來的？」

華爺爺説：

「那是由**罌粟**提煉的一種毒品，最初只是用來做止痛安神的藥，後來竟然有人開始吸食鴉片煙。因為吸食鴉片容易上癮，令健康人衰退成為廢人，因此清朝政府明令禁止吸食、進口和種植鴉片。當時負責禁止鴉片事務的就是林則徐。」

馬冬東説：

「可惡！為了賺錢竟然販賣鴉片來害

人！只可惜我不在那時候出生，要不然一定幫助林則徐打倒那些販賣鴉片的黑心鬼！」

華港傑説：

「乜東東，你講的乜東東假想好誇張，不過這一次我也會支持你的。」

明教授喝了一口水，神情嚴肅地説：

「英商對禁止鴉片相當不滿，就在這時候，尖沙咀發生了林維喜命案，英國乘機發動戰爭，用武力打開中國市場。英軍相繼攻陷廈門、定海、鎮海、寧波等地，導致東南沿海各省局勢緊張，清兵節節敗退。」

華港秀皺着眉頭説：

「唉，戰爭中最大的受害者都是平民百

姓……」

華爺爺搖頭說：

「清廷無能，1842 年英軍抵達南京，清朝政府被迫全部接受英國提出的議和條款，這就是《南京條約》，中國近代歷史上的第一個不平等條約，其中一項便是把香港島割讓給英國。」

宋教授說：

「你們年紀雖然小，想不到卻對過去的歷史這麼有興趣。來吧，還是先把這桌上的茶點消滅乾淨！」

大家紛紛響應，餐桌旁這才重新有了笑聲。

過了一會兒，大家告別宋教授，從酒店走出來，意猶未盡，便乘車去香港島一

遊。

穿過海底隧道以後，汽車經過了中環、西環，他們在荷里活道公園附近下了車。

華爺爺説：

「這裏有一條與香港命運關係密切的街道，你們看看街名牌子。」

Possession Street
水坑口街

馬冬東上前一看，讀出中文名字：

「水坑口街。」

華港傑讀出英文名字：

「Possession Street，意思是佔領街？」

華港秀指着街名牌説：

「奇怪，兩個街名的意思很不同呢。」

明教授説：

「就是啊，這裏面暗藏
了香港被英國佔領的典故。」

馬冬東一邊聽明教授説故事，
一邊用手機拍下這充滿特色的街
道。

明教授説：

「1841 年 1 月 25 日，英國政府命令海
軍軍官愛德華・卑路乍 (Edward Belcher)
率領艦隊登陸香港，並且選定港島西一個
大水坑附近的高地紮營。第二日，即是 1
月 26 日，英軍就舉行了升旗儀式，表示佔
領了香港。從此香港很多地方就帶有殖民
地的色彩，華洋混雜，亦中亦西。」

華爺爺説：

「由於這條街是英軍佔領香港開闢的道路，英國人把它命名為佔領街。但是華人按照自己到大坑取水的習慣叫法，將這個街名稱為水坑口街。而這一帶地方，就是香港人所講的**大笪地**。」

華港秀問：

「大笪地？不就是一大片空地的意思嗎？怎麼會變成地方名了？」

華港傑說：

「我聽說過，上環大笪地以前是很出名的夜市，是非常熱鬧的啊！」

華爺爺說：

「想不到阿傑竟然知道上環大笪地啊！英軍在附近紮營不久便走了，留下的一大片空地，很快便成為江湖賣藝為主的夜

23

市，大戲、看相、大排檔、跳蚤市場等等包羅萬有，所以大笪地又稱為**平民夜總會**。」

明教授說：

「到了上世紀 70 年代，大笪地曾經搬到港澳碼頭一帶，之後隨着時代變遷便逐漸式微了。」

1839 年 7 月，尖沙咀村民林維喜被英國水兵毆斃，英軍拒絕交出兇手，林則徐斷絕與英國的所有貿易活動。

跑馬地

1841 年，英軍登陸香港島水坑口，舉行升旗儀式，佔領香港島。英軍軍營搬走後，留下大片空地，發展成大笪地夜市。

1841 年，英國人開闢跑馬地作為馬場。

圖說香港大事——
1839 年至 1842 年

英國使用武力逼迫清朝政府打開市場，引發鴉片戰爭，香港島最終成為英國殖民地。

1839 年 3 月，林則徐抵達廣州嚴禁鴉片，引起英國不滿，準備用武力打開中國市場。

1839 年 7 月，尖沙咀林維喜命案導致鴉片戰爭爆發，英國艦隊揮軍北上，清軍節節敗退。

1842 年 8 月，英軍抵達南京，29 日清廷簽訂《南京條約》，香港島被迫割讓予英國。

偵探
案件2

紅香爐傳說

28

經過在學校幾天緊張的考試，華港傑、馬冬東和華港秀，都覺得有些疲累，但也鬆了一口氣。

這一天，趁着學校放假，華港傑打開電腦，查看自己主持的《香港古今奇案問答信箱》專欄，看見有不少來信，便開始整理。

「喂喂喂，你們聞一下，香不香？」

馬冬東拿着一枝點燃的香，笑嘻嘻地走到華港傑身旁説。

華港傑皺起眉頭，馬冬東手中的那枝香，的確有一種濃得刺鼻的香味，就説：

「乜東東，你又在搞乜東東啊？」

馬冬東笑着説：

「據説以前香港出產很多這樣的香，所

以才會叫做**香港**的呀。」

這時，華港秀聞聲走過來，半信半疑地說：

「乜東東，你講的是不是真的啊？」

馬冬東理直氣壯地說：

「當然是真的，不信你們去問華爺爺。」

華港秀還是不信服，說：

「問就問，馬上去！」

於是立即和馬冬東一前一後地走出去找華爺爺，華港傑也跟着走了。

華爺爺聽到華港秀的發問，回答道：

「關於香港地名的來源，有很多種說法。有說香港在明朝的時候盛產香木和香木製成的產品，就像馬冬東手上的這枝香，屬於莞香，又叫做女兒香，當年在廣

東、江浙等地很受歡迎，香港的名稱由此
而來。也有說香港是轉運香料的港口，所
以叫做香港。另外，還有一個紅香爐的傳
說⋯⋯」

「紅香爐的傳說？是一個很好聽的故事
吧？爺爺，你好好給我們講一講！」

華港秀瞪大眼睛，充滿期待地說。

這時候，華港傑、華港秀的媽媽從廚
房走出來，叫大家吃飯。

華爺爺說：

「那我們就先吃飯，下午我帶你們去一
個地方，再慢慢說。」

馬冬東興奮地要求：

「我也想去，我也想聽！」

華爺爺說：

「好吧，你留下來和我們一起吃飯，然後再一齊出去。不過，現在先把那枝香弄熄了，小心千萬不要留下火頭。」

「是！」

馬冬東應聲照做了。

吃完飯之後，他們稍歇息一下，就跟着華爺爺出了門。

這一次的目的地，原來是赤柱。

這裏有天然美麗的海灘，一面保留了昔日漁村的純樸和鄉土氣息，另一面又有現代化的時尚建築，吸引了許多西方或東方的遊客。

華港秀卻顧不上欣賞四周圍的風景，一心一意要追求答案。她急切地問：

「爺爺，爺爺，紅香爐的傳説是怎麼一

回事？是不是和赤柱有關的？」

　　華港傑卻一臉狐疑地説：

　　「爺爺，我剛才已經查過一些資料，紅香爐的傳説是和銅鑼灣天后古廟有關係啊，怎麼會來到赤柱？」

　　華爺爺笑笑説：

　　「有關香港名稱由來的傳説，除了紅香爐傳説，還有另外一個是和赤柱有關係的。」

　　馬冬東一聽就來神，即刻追問：

　　「另外一個傳説？那即是又有不同的故事聽啦？好啊，爺爺，請您快説吧！」

　　華爺爺説：

　　「相傳在香港剛剛開埠的時候，有一批英國軍人從赤柱這裏登陸，見到一位客

家女原居民，就問她這是甚麼地方。她用客家話回答，英國軍人用英文寫成 **Heong Kong**。這樣的發音被記載在 1841 年 5 月公布的香港政府文件內，後來被簡化為 **Hong Kong**，從此以後，就成為整個香港島的總稱。」

一行人邊行邊談，不知不覺間來到了沙灘。

華港傑説：

「我也聽見過有人把香港叫做**香江**，香江這名稱的來源又是甚麼呢？」

華爺爺説：

「據説以前有一條從南朗山流入香港仔

海峽的溪水，水質純潔，特別清甜，吸引到船上的水手經常來汲水作為飲料，所以這裏的港口就稱為香江。」

馬冬東問：

「這麼多個傳説，究竟哪個才是真的？」

華爺爺説：

「每個傳説的年代都非常久遠，已經很難追查真假了。事實上，香港這個名稱早在明朝萬曆年間已經出現，據記載，當時的香港島上有多條村落，其中一條小村就名為**香港村**。」

華港傑説：

「爺爺，你的意思是，明朝時代香港這

個名稱是指一條村落，而不是指整個島。」

華爺爺說：

「沒錯。到了 1841 年香港島在開埠的時候，根據有關資料記載，有人居住的村莊只有 16 條，其中包括了紅香爐。」

馬冬東一聽就驚訝地說：

「甚麼？紅香爐原來是一條村來的？我還以為是一個紅色的香爐呢？」

華爺爺說：

「那是一條小村。據說有一天，一個紅色的大香爐沖到銅鑼灣的岸邊，被鄉民和漁民發現了，就將香爐撈起來。他們認為，這個香爐一定是

天后娘娘送來的，就在銅鑼灣建了一座天
后廟，安放香爐，用來上香。從此香火鼎
盛，村名就叫做紅香爐。後來有人把港口
也改稱為**紅香爐港**，泛指港島一帶，最後
便簡稱為香港了。」

華港秀説：

「原來是這樣，但紅香爐這樣的村名，
聽起來還是有些古怪。」

華爺爺説：

「也有人説紅香爐是一個汛站的名稱。
但香港最初沒有一個總稱的時候，在文獻
上會列出島上的一些村莊名字作為代表，
紅香爐是其中一個村莊名字，還有赤柱、
群帶路等等的。」

第1期

華港傑 主持

香港古今奇案

問 答 信 箱

奇案1

清朝水師是用甚麼戰艦作戰的呢？

　　清朝水師的主力戰船稱為「同安梭船」，同安梭船原本是商船，由乾隆末年開始逐漸成為水師的主力戰船，在兩次鴉片戰爭之後，清朝水師便不再使用同安梭船了。

　　由於同安梭船操作容易，性能優良，因此也得到海盜的青睞，成為常見的海盜船。

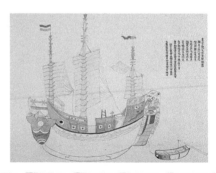

《清朝軍機處奏摺》上的集字號大同安梭船圖。嘉慶、道光年間的集字號同安梭船一般擁有炮座25門。

奇案2 英國人於哪年登陸香港島？

　　雖然《南京條約》於 1842 年簽訂，但是英軍已於 1841 年 1 月 25 日登陸香港島的水坑口，更在翌日舉行首次升起英國國旗儀式，象徵英國「佔領」香港。正確地說，這是「侵略」的行為。

　　除了升旗儀式，英國人剛抵達香港島，便在今日的跑馬地開闢馬場。當年的跑馬地是瘧疾為患的沼澤，由此可知英國人喜愛賽馬的程度。

你能根據本章提供的線索，說出香港名稱的由來嗎？

偵探案件3

香港大罷工事件

在回程的時候，馬冬東和華港秀一路上有說有笑，但華港傑就沒有怎麼做聲，只是沉默地看着車窗外。

汽車到站了，華爺爺和馬冬東、華港秀都行動迅速地下車，只是華港傑似乎還在沉思不動，馬冬東急得拉了他一把，大叫道：

「快！下車了！」

他們下車以後，看見天色已經昏暗，是向晚時分了。

華港秀問華港傑：

「哥哥，你剛才在打瞌睡嗎？是不是覺得很疲累？」

華港傑搖搖頭說：

「不是。我沒有睡，只是在想問題。」

馬冬東好奇地問：

「想問題？你想的是乜東東？那麼人神呢？」

華港傑說：

「我在想，香港原本只是一個小小的漁村，就這麼突然被侵佔了，生活在那個時代的香港人應該很不願意的吧！他們有沒有反抗呢？是怎麼樣對抗的呢？」

正在這時候，明啟思教授和宋國康教授出現了，正要向車站走去。

大家立刻向他們打招呼，再一齊把宋教授送上汽車。

明教授回頭對大家笑着說：

「哈，原來你們去赤柱，探訪香港名稱的發源地，這很有意思啊！」

馬冬東接着說：

「公公，剛才傑仔還想到一個問題，就是生活在那個時候的香港人，是怎麼樣對抗、反抗的呢！」

明教授說：

「這個問題想得好，也剛好是我多年前所做的歷史專題研究。英國在 1842 年雖然取得了香港的管治權，但是難以收復人心，當時治安非常混亂，海盜活動猖獗，環境衛生惡劣，傳染病到處流行，而且警力嚴重不足，打劫案不斷發生。」

華爺爺說：

「講起來也好笑，那時候不僅有錢人被打劫，甚至連港督府也被打劫。因為香港島與九龍尖沙咀只有一海之隔，匪徒在

香港島犯案以後，只要逃到九龍就可以脫身。」

馬冬東說：

「那樣，英國總督不是很頭痛嗎？」

明教授說：

「那是自然的。為了加強管治，他們制訂了不少措施，其中之一，便是實行所謂的《人口登記條例》，結果這條例引起了軒然大波。」

「這條例有甚麼不妥當的地方嗎？」

馬冬東問。

明教授說：

「他們制訂的這條法例，根本就是歧視香港的華人。法例規定所有的香港島居民，都要申請一張身份證，並且要每年收

44

費續期，華人每年收費 1 元，英國人每年收費 5 元。」

馬冬東右手舉起了一隻手指，左手伸出了五隻手指，比劃了一下，説道：

「華人收費 1 元，英國人收費 5 元，英國人收費更貴啊！為甚麼反而是歧視華人呢？」

明教授説：

「乜東東，你想一想，華人本來就是香港本土居民，很早以前就已經住在香港的了，在自己的地方居住竟然要付費給外來人，這是很不合理的啊！當時的華人都認為這是藉故敲榨勒索。」

馬冬東點頭表示認同。

明教授繼續説：

「而且，政府徵收的稅額很重，影響了大部分華人的生計，更令平時收入微薄的貧苦大眾百上加斤，難以負擔。」

華港傑氣憤地說：

「我想起了一句古語『苛政猛於虎』，苛刻的暴政比猛虎更可怕啊！」

華爺爺說：

「所以，這條例引起了香港華人的不滿，他們聯合起來，決定在 1844 年 11 月 1 日，舉行香港史上的第一次罷工、罷市。」

馬冬東和華港秀拍手說：

「好！做得好！」

華港傑問：

「明教授，那時候的香港狀

況是怎麼樣的？」

明教授説：

「就從罷工的日子開始，香港市面百業蕭條，香港市民拒絕向英軍軍營提供糧食，實行斷糧。政府狗急跳牆，立即四出拘捕香港市民。這種做法，等於是火上加油，令事件進一步擴大，香港水、陸運輸的工人們，也紛紛參與罷工，導致香港斷水斷糧。」

華港秀、華港傑和馬冬東同聲説：

「香港人要堅持下去啊！」

明教授説：

「罷工總共進行了 12 天，政府終於讓步，重新修訂條例，規定公務員、軍人、商人、專業人士及年收入 500 元的人，可

以豁免登記。至於其他人士及華人，都只是登記職業、地址及個人資料，不用徵收登記費。經過這次罷工罷市的聯合行動，香港的華人懂得了一個簡單的道理，團結就是力量，能夠逼使政府退讓，贏得自己的地位與尊嚴。」

華港秀自豪地說：

「我們香港人可不是好欺負的！」

明教授說：

「政府得到了教訓，認為罷工的主要原因是官員與本地居民溝通不足，因此要求官員學懂本地文化及本地語言，英國的學府也創設中文課程，培養能夠掌握基本中文知識的官員。」

華港傑説：

「**知錯能改，善莫大焉**！政府做錯了也要改過啊！」

香港古今奇案

華港傑主持

問答信箱

奇案1

香港在開埠的時候大概住了多少人？

根據香港首任總登記官費倫 (Samuel Fearon) 所撰寫的人口普查報告，開埠前的香港人口大概 4000 人，3 年後，香港的人口（華人）增至約 12000 人左右。

1844 年推行的《人口登記條例》令香港的華人和洋人相當不滿，華人更進行大罷工以示抗議，負責調停的就是費倫，事件結束後，能說一口流利廣東話的費倫，順理成章地擔任了總登記官一職。

奇案2 為甚麼英國選擇香港島 作為殖民地呢？

　　英國早在 19 世紀初已經對香港進行詳細的調查，報告認為香港方便船舶進出，擁有陸地環繞的地形，是世界上無與倫比的良港之一，當時英國首任駐華商務總監律勞卑 (William Napier) 便提議用武力佔領香港島。

如果你要在大笪地賣藝表演，最想表演甚麼呢？請運用想象力把你表演的節目在空白地方畫下來吧！

偵探
案件4

維多利亞城界石之謎

CITY
BOUNDARY
1903

　　這一天，華港傑打開電腦，整理《香港古今奇案問答信箱》的來信時，突然「啊」的一聲大叫起來。

　　華爺爺好奇心起，問道：

　　「發生甚麼大事嗎？怎麼突然大叫起來？」

　　華港傑回頭說：

　　「我收到讀者寄來的一張黑白舊相片，查問相中的鐘樓是位於香港島嗎？我真想不到，原來除了尖沙咀之外，香港島也會有鐘樓。」

　　華爺爺走到電腦前看了一眼這張舊照片，便認出來了：

　　「這是 1862 年建成的中環畢打街鐘樓，1913 年就拆卸了。這樣吧，我和明教

授星期日會到金鐘的香港公園，你們也一起來，一邊看中環的景色，一邊聽中環的典故吧。」

星期日到了。原來明啟思教授有一個朋友在金鐘的香港公園茶具博物館內舉辦文化活動，也邀請了華偉忠爺爺，於是華港傑、華港秀和馬冬東跟着一同前往。

出了地鐵站，通過太古廣場的扶手電梯，直達香港公園。

這裏雖然是市區中心，但是綠樹婆娑，百鳥啼鳴，景色怡人，空氣清新。而且這裏地勢高，視野闊，維多利亞港海旁幾座巨型地標式的建築物，一覽無遺。

「啊——哈！我要飛上天啦！」

華港秀模仿鳥兒拍翼飛翔的姿勢，忘

形地笑着。

「嘿，小心看路，搞不好你會滾下山坡的。」

馬冬東恐嚇道。

「去你的！」

華港秀不服地做出反應，二人又「咭咭咭」地笑成一團。

華爺爺説：

「你們還是小心走路，好好看看周圍的風景。這裏就是英國人在香港最早建立的維多利亞城地域。」

華港傑説：

「維多利亞城？現在很少聽人提起的，只有維多利亞港比較廣為人知呀。」

明教授説：

「你爺爺講得不錯。早期的香港政府把香港島北部一帶的海旁地區開發為城區，命名為**維多利亞城**(City of Victoria)。那是為了紀念在位的維多利亞女皇，他們把太平山改名為維多利亞峯(Victoria Peak)，把香港與九龍之間的海港取名為維多利亞港(Victoria Habour)，又將香港北面一帶的海旁地區開闢為維多利亞城，並分為**四環**，就是今日的西環、中環、上環、下環，包括了灣仔和銅鑼灣。」

華爺爺説：

「是啊，他們還在城內各區立下刻有英文字的花崗岩界石。只是經過 100 多年的發展，界石已經失去法律效力，維多利亞

城也被人遺忘，中
環只保留了域多利道
與域多利皇后街的名稱。」

明教授説：

「當然了，隨着歲月的流
逝，那些界石也有被遷移到別
處的。有趣的是上面的文字，1967 年 1 月
3 日，曾經在香港仔附近發現一個寫着**裙帶
路**里程碑的花崗岩界石。」

馬冬東説：

「裙『大』路？為甚麼不叫裙中路或者
裙細路，偏偏要叫做裙帶路？」

明教授説：

「你這個家伙，就是胡説八道，不過這
一次，讓你説中了一半。裙帶路，從字面

上解釋，指的是裙子上面的布帶。但最初也真的叫做裙大路。傳說以前香港島上的居民，要上山斬柴草當做燃料，由他們住的村落上山有幾條細小的路徑，如果遠遠地看過去，就好像女子的衣裙帶那樣。」

華港秀一聽，即時拉起自己衣裙上的一條絲帶，迎風唱着、舞着説：

「啦啦啦啦啦！是像這樣的嗎？」

大家都笑了。

華爺爺説：

「當時的華人將政府劃分的四環，再細分為**九約**。」

第一約，由堅尼地城至石塘咀；

第二約，由石塘咀到西營盤；

第三約，西營盤；

第四約，干諾道西以東半段；

第五約，由舊上環街市（西港城）

至中環街市；

第六約，由中環街市至軍器廠街；

第七約，由軍器廠街至灣仔道；

第八約，由灣仔道至鵝頸橋；

第九約，由鵝頸橋至銅鑼灣。

　　說着，走着，他們走到一座英式舊建

築前面，這就是經過改造的茶具博物館了。

　　進去以後，只見裏面佈置得古典雅

致，展示着不少精美的中國傳統茶具，令

人嘆為觀止。

　　他們參觀了一會兒，就有工作人員前

來安排他們坐下，一邊品嚐清香的中國茶，一邊觀看中國樂器演奏。這真是很好的精神享受呢。

活動結束之後，他們戀戀不捨地在公園內漫步，華港傑對華爺爺説：

「爺爺，你上次去赤柱的時候説過，香港開埠之初，只有 16 條村莊是有人居住的。那從甚麼時候起，人口才增加的呢？」

華爺爺説：

「香港開埠以來最大的一次移民潮，是在中國發生太平天國起義的時候。大約是在 1853 年間，大批難民為了逃避戰火，紛紛湧入香港來。」

馬冬東問：

「太平天國是怎麼回事？」

明教授説：

「那是在 1851 年 1 月，拜上帝會的創辦人**洪秀全**在廣西起義，宣布建立**太平天國**，目的是要推翻軟弱無能的清朝政府。他們的行動很快席捲整個江南地區。1853 年，太平軍人數增加到 50 萬人，聲勢浩大，攻陷南京，並且將那裏定為天京。」

華港秀忍不住叫起來：

「嘩！好厲害呀！」

華爺爺説：

「洪秀全以天王自居，稱基督為天兄，當時也引起不少外國人的興趣，但太平天國並不歡迎外國人。由於當時局勢動盪，觸發了湧來香港的難民潮，香港人口由原來的 2 萬 1 千多人，增加到 3 萬 9 千多

61

人。」

明教授說：

「是啊，因為人口暴增，政府便開發西營盤一帶。由於那裏近海，貨運碼頭與貿易相關，許多遠洋帆船、蒸氣船泊岸卸貨以及維修，各種貨運活動一直伸延至堅尼地城，不少商人招募居民在碼頭一帶做工，大街上也有許多售賣海味和中藥材的店鋪，一直發展到現在。」

馬冬東說：

「難怪那一帶的街上，全是一間接一間的海味和藥材鋪了。」

華爺爺說：

「值得留意的是，那時候難民當中，也有一批富商，他們與清朝和香港政府都關

係密切，其中最重要的一個人就是李陞。
他是第一個在香港發展房地產的華商，
在西營盤一帶買了許多地，興建碼頭、倉
庫，又開設銀號，曾參與當時政府的填海
計劃，李陞街和高陞街便是為紀念李陞而
命名。」

華港傑詫異地説：

「原來香港政府這麼早就開始填海擴充
土地的了。」

明教授説：

「不錯。隨着香港人口的不斷增加，原
來開發的地區已經不足以讓人居住。政府
實施填海計劃，十數年間，堅尼地城成為
一個新的住宅區。而作為維多利亞城的心
臟，中環就發展成為主要金融商業中心。」

第 3 期

華港傑 主持

香港古今奇案
問 答 信 箱

奇案 1

舊照片中的鐘樓真的是在香港嗎?

畢打街鐘樓（Pedder Street Clock Tower）原本位於香港島中環的畢打街，建於 1861 年，具有報時及火警指示的作用。

1913 年，鐘樓因為道路擴闊工程而被拆卸，原本的報時大鐘後來安裝到尖沙咀火車站的鐘樓上，直至 1921 年尖沙咀鐘樓換上新的四鐘面報時大鐘為止。

畢打街鐘樓

奇案2　香港最早期的警察有多少人呢？

　　1841 年英國佔領香港後組成的臨時警隊，只有 32 名警員，由英國及印度的退役軍人擔任。直至 1844 年才成立正式警察隊，可是治安未見改善，當時的私人護衛巡邏街道時，會一邊提着燈籠，一邊敲打銅鑼來嚇走妖魔鬼怪和不法之徒。

　　1845 年查理士．梅理 (Charles May) 出任警察司，以愛爾蘭警隊的制度為藍本，並首次招募華人，建立一支 171 人的警隊，警隊才稍具規模。

以前的警察制服是怎樣的呢？你能自己搜集資料，把舊時警察的模樣畫下來嗎？

偵探
案件5

九龍傳奇

「篤撐！篤撐！篤篤撐！」

這天放學以後，馬冬東要到華港傑的家裏做功課，一進了門，他就拿了一件雨衣披在身上，手舞足蹈。

華港傑説：

「乜東東，你又在搞乜東東啊？」

馬冬東拉長聲音説：

「九龍皇帝來也，各方人等，肅靜迴避——」

「哈，九龍皇帝？這到底是何方神聖？乜東東來的呀？」

華港秀笑嘻嘻地跟在馬冬東後面説。

「就是一個自稱皇帝、無拘無束的塗鴉大王囉。」

華港傑沒好氣地説。

這時，華偉忠爺爺剛好從房間走出客廳來，華港秀急忙問他：

「爺爺，是不是真的有九龍皇帝這個人呢？」

華爺爺說：

「是有這麼一個人物，他叫曾灶財，從上世紀 60 年代開始就走遍港九各地，不斷地用毛筆在街道的電箱、燈柱、牆上寫滿密密麻麻的字，自稱是九龍皇帝、控訴英國女王搶走祖傳土地。」

華港秀好奇地問：

「在街上隨處寫字，沒有問題嗎？」

馬冬東說：

「警察曾經多次勸阻，不過他還是樂此不疲，直至去世前，塗鴉的時間長達 50 多

年。他留下的塗鴉墨寶可不簡單啊！連外國媒體都有報道，還曾經被藝術家當作藝術品展覽，又用他寫的字來設計時裝呢。」

「嘩！真有他的，這個九龍皇帝，聽起來也很不簡單呢。」

華港秀説。

「對了，爺爺，你上次在赤柱給我們説過香港地名的傳説。那麼，九龍呢？九龍的名字又是怎樣來的？」

華港傑問。

馬冬東即刻跟着問：

「還有，還有，我一直都不明白九龍半島為甚麼要叫做九龍，不叫做五龍或七龍的？若果叫做五龍，九龍皇帝豈不是要改稱五龍皇帝？」

華港秀忍不住笑起來：

「ㄅ東東，你提的問題真是很ㄅ東東，沒頭沒腦的！」

華爺爺説：

「其實九龍最早叫做九隆。而九龍的地名來歷，相傳在這個半島上原來有九支山脈，形狀有如蛟龍，盤踞着半島上不同的位置。所以有了九龍半島這樣一個名稱。」

馬冬東説：

「原來如此，真是不問不知道啊。」

華爺爺説：

「另外還有一個傳奇故事，說是在九龍山上有漁民兄弟九人，擅長潛水。有一晚，風清月朗，九兄弟在海中潛泳，化身成龍，到山上棲息，從此以後，整個半島就定名為九龍半島了。」

華港秀拍手說：

「這個故事真好聽，神奇又浪漫，我超喜歡呢！」

華港傑突然想起一件事，問道：

「香港島是在鴉片戰爭後被迫割讓給英國的，那麼九龍半島呢？是在甚麼時候成為英國殖民地的？」

華爺爺說：

「1842年英國奪得香港島後，清朝政

府便在九龍擴建九龍寨城，與對岸的維多利亞城對峙。而且不少不法之徒在香港島犯案之後，都逃到只有一海之隔的九龍。到了 1856 年，第二次鴉片戰爭爆發⋯⋯」

華爺爺還沒把話說完，馬冬東就搶着問：

「第二次鴉片戰爭？鴉片戰爭不是完結了嗎？」

華爺爺說：

「這可以說是第一次鴉片戰爭的延續，英國繼續使用武力打開中國市場。第二次鴉片戰爭在 1856 年爆發，1860 年結束，清朝政府被迫簽訂《北京條約》，其中一項條款便是把九龍半島、即是今天**界限街**以南的地方割讓給英國。英軍開始駐守九龍

半島，協助防衛香港島。」

Boundary　Street
界限街

1851 年 12 月 28 日上環發生大火，遺下大量瓦礫，港督文咸 (George Bonham) 便將災後瓦礫用作填海，開闢出蘇杭街、文咸街等地。

西營盤　上環

1855 年，香港總督府建成，為港督的官邸。現今成為香港禮賓府。

於 1851 年建立的太平天國造成大批難民湧來香港，聚居西營盤一帶。
1853 年，港督文咸乘船抵達太平天國的天京（南京），這次訪問沒有任何成果。

圖說香港大事——
1843年至1855年

香港開埠之後，人口不斷上升。1843年6月26日，砵甸乍正式成為第一任香港總督。

1844年11月，香港華人反對人口登記費用，進行大罷工，政府最終讓步。

1846年，香港首個賽馬日在跑馬地舉行。

偵探
案件6

灣仔毒麵包奇案

館辦盛裕

　　這個星期六早上，華港傑、華港秀和馬冬東跟明教授、華爺爺做完晨運之後，一齊到快餐店吃早餐。

　　華港傑説：

　　「華爺爺，明教授，我的校報信箱專欄，最近收到了同學的來信，有個問題想向兩位老前輩請教。」

　　華爺爺説：

　　「有甚麼問題？不妨説出來聽聽。」

　　華港傑説：

　　「英國當年發起第二次鴉片戰爭，九龍半島最後也淪為殖民地的一部分。那時候生活在香港的華人怎麼辦？他們有甚麼感受？」

　　華爺爺道：

「那時候華人對英國的統治十分反感。雖然生活在華洋雜處的社會，但兩者之間的衝突常常發生。尤其是第二次鴉片戰爭爆發之後，香港的市面上經常出現許多告示，警告商人不要賣糧食給英兵。許多華商紛紛停業回鄉，不再為洋人服務。」

明教授説：

「就在那樣的形勢下，香港發生了一宗震動海內外的毒麵包案。」

「吓？毒麵包？是不是有毒的麵包？」

正拿着一塊麵包準備吃的華港秀，停止了動作，吃驚地問。

明教授點頭説：

「是的。麵包有毒，中毒的超過 400 人，全部是居港的洋人。」

華港傑問：

「那不是很嚴重嗎？」

明教授說：

「是啊。就連當時的港督夫人也中毒了。」

馬冬東急切地說：

「那案件裏頭的故事不是很刺激嗎？到底是怎麼發生的？」

明教授說：

「起因是有一個名叫張亞霖的商人，在香港島灣仔皇后大道東與船街之間，開了一間裕盛辦館，專門售賣糧食和麵包給洋人。就在 1857 年 1 月 15 日，超過 400 人吃過這間店的麵包後腹部劇痛，嘔吐不止，其中還包括總督寶靈 (John Bowring)

的夫人。雖然全部人獲救，但有一些受害者健康永久受損。」

華港傑説：

「當時的港督寶靈怎樣處置這個案件？」

華爺爺説：

「他大為震驚，即刻派出警察查封裕盛辦館，扣查了相關的 51 人，但東主張亞霖並不在內，因為他一家人坐輪船去了澳門。經過醫院查驗，發現那一批麵包中含有大量砒霜。」

華港傑説：

「那可是劇毒吧！是誰下的

毒？」

爺爺説：

「當時查不出來。」

馬冬東問：

「那時候的港督寶靈會放過店主張亞霖嗎？」

華爺爺説：

「他立即派出戰艦，追截張亞霖一家乘坐的輪船，但發現他們也吃了毒麵包，在船上嘔吐大作。結果還是把張亞霖逮捕回香港候審。」

馬冬東説：

「有找到證據，證明是甚麼人放毒的嗎？」

明教授说：

「沒有。這個案件既複雜，又曲折。居港的英國人知道政府捉到張亞霖，希望嚴懲他。

有一個名叫德倫 (W. Jarrant) 的受害者提出了民事訴訟，要求張亞霖賠償。而張亞霖的辯護律師必列者士 (William Thomas Bridges) 指出，張亞霖包辦英國人的飲食，引起部分華人不滿，認為自己是被人陷害，加上本身一家人都中了毒，極力洗脫下毒的嫌疑。」

華港秀放下手上的麵包，撅起嘴巴説：

「哼，下毒的人真是卑鄙。」

馬冬東說：

「很像電影裏恐怖襲擊的橋段，幕後元兇究竟是誰呢？」

華爺爺說：

「主謀究竟是誰一直沒法查出來，這令政府相當頭痛，既要安撫英國人，同時也不想重罰為他們服務的華商。最後雖然證據不足，張亞霖等人獲判無罪，但在羣眾壓力之下，還是把他們遞解出境。」

馬冬東皺起眉頭說：

「這樣搞來搞去，還是不能把這宗案件查個水落石出的嗎？」

明教授說：

「就是這樣，裕盛辦館的毒麵包案成

為一宗懸案，或者是冤案，一直為人議論不止。後來，也有的學者認為，並不是麵包有毒，而是麵粉有毒，幕後真兇另有其人。另外有一些學者認為，也很有可能是麵粉在運送途中受到砒霜污染，這純粹只是一件意外。」

華港秀問：

「這案件就這樣不了了之嗎？」

明教授說：

「不，這案件還有一段插曲。當時曾要求賠償的德倫，在張亞霖被遞解出境後，遷怒於必列者士，不斷在報章大肆攻擊必列者士，必列者士忍無可忍，控告德倫誹謗罪，結果法官認為德倫措詞激烈，涉及私德，故意損害必列者士的名譽，判他誹

謗罪名成立，成為了香港開埠後第一宗誹謗官司。」

圖說香港大事——
1856 年至 1860 年

第二次鴉片戰爭爆發，華洋關係緊張。同時間，香港人口繼續上升，華人面對嚴重的居住環境問題。

1856 年 4 月，政府推出新建築規定，遭到華洋業主反對。11 月，華人集體罷工罷市，更演變為騷亂，最終政府接納華人提議，結束罷市。

Boundary Street
界限街

1857 年 1 月，灣仔發生裕盛辦館毒麵包案，400 多人食用裕盛的麵包後集體砒霜中毒。事件未造成命案，亦未能查出真兇。

1860 年 10 月 24 日，清廷與英國簽訂
《北京條約》，將九龍半島即今界限街
以南，割讓與英國。

保未安良的保良局

保良局

「嘿！嘿！嘿！」

華港秀擺出架勢，一邊叫着，一邊打功夫。

馬冬東拿着一本書，威風凜凜地衝過來說：

「來！看我的！」

只見他一躍而起，將書向着自己的頭頂一拍——

「哎呀，你們這是在做甚麼？」

正從廚房走出來的華港傑、華港秀的媽媽嚇了一跳。

華港傑笑着說：

「媽媽，別理他們，那是在模仿慈善籌款的電視節目。不過這兩個人的技巧太差了，人家都是硬功夫，用頭頂撞開磚頭，

這乜東東居然用書本打頭就算，哈哈哈！也不怕笑死人！」

媽媽一聽，更加吃驚，說：

「哎呀呀！你們完全沒有受過訓練，那些危險動作怎麼模仿得來？快停止，別亂來！」

馬冬東和華港秀互相對望一眼，伸伸舌頭，停止動作，乖乖地坐下來。

「這就好了，靜靜地看書吧，乖乖。」

媽媽這才放心地走過去。

華爺爺一直看着他們胡鬧，終於忍耐不住，向華港秀說：

「秀秀，你可以模仿一下關聖帝君，說不定能夠成為保良局籌款節目之一。」

華港秀問道：

「華爺爺，你怎麼學了乜東東說些不知乜東東的說話啊！關聖帝君就是三國時代的關羽，和保良局有甚麼關係。」

「關帝忠義仁勇，保良局創局初期就已開始奉祀關帝，這傳統一直保留到今天。」華爺爺說完，竟然模仿關帝捋着一把長鬚的模樣，引得華港秀哈哈大笑起來。

華港傑拿出一杯茶，送上給爺爺說：

「爺爺，您坐下來，喝喝茶，再慢慢講保良局的故事。」

華爺爺點點頭，坐下來，讓華港傑把茶杯放到茶几上，再說：

「你們想了解香港保良局的歷史，這很好啊。在香港的歷史上，出現過不少出錢出力、為貧苦大眾服務的慈善機構，保良

局就是其中之一。」

華港秀問：

「保良局算不算是香港最古老的慈善機構？」

華港傑説：「東華醫院才是香港最早的華人慈善機構。最近校報專欄收到了來信詢問東華醫院的歷史，所以我剛剛查過了一些資料。」

華爺爺説：

「雖然沒有東華醫院古老，但是保良局在1882年正式刊登憲報，宣告成立，歷史也非常悠久了。」

馬冬東問：

「哇！原來已經超過 100 年歷史了！那麼保良局最初成立的目的是甚麼？」

華爺爺説：

「要知道，在 19 世紀末期的香港和東南亞一帶的地區，經常發生誘拐婦孺、逼良為娼、販賣人口的事情。」

華港秀驚訝地説：

「啊！真可怕！生活在那時候的女孩子，不是很危險嗎？」

馬冬東説：

「那還用説！如果你出生在那時候，很可能也被人賣去做奴隸！」

華港秀掄起拳頭打了馬冬東的背脊一下，哭笑難分地説：

「你亂講七東東呀……」

華港傑急忙制止道：

「你們兩個都別鬧，聽爺爺講下去。」

華爺爺說：

「就在 1878 年 11 月 8 日，東莞縣僑商盧賡揚、馮普熙、施笙階、謝達盛等，聯名上書當時的港督軒尼詩 (John Hennessy)，要求組織**保良公局**，以保赤安良為宗旨，籌集資金，捉拿拐匪。」

華港傑問：

「這事情很重要，又很緊急，是不是馬上得到政府的批准？」

華爺爺說：

「不是。等到 1880 年 5 月，才正式獲

得港督批准。」

馬冬東問：

「為甚麼要等到兩年後的時間才能獲得批准？」

華爺爺説：

「因為政府方面需要時間審理條文。而且，在籌組初期，經費不足，又無固定局址。後來獲得東華醫院的紳商大力相助，借出地方作為收容婦孺之所。從那時以後，便得到不少華商捐款支持。」

馬冬東豎起拇指説：

「保良局的工作很有意義，對婦女和孩子都大有幫助，應該全力支持！」

華爺爺説：

「到了 1882 年 8 月，經英國理藩院核

准保良局章程，並且刊出憲報，確認保良局是專為協助政府保護婦孺而設的。特別賦予權力，掃除拐賣婦女兒童的風氣，保赤安良。」

華港秀說：

「爺爺，其實保良局的**保良**兩個字，是甚麼意思？」

華爺爺說：

「意思是保護無依無靠的婦女和孩子。初期保良局的工作，主要是防止誘拐、買賣婦女和兒童、調解家庭與婚姻糾紛等等。到了今天，保良局更提供醫療、教育等社會服務，已成為香港最具規模的慈善機構之一了。」

97

1869 年，華商倡議興建第一間華人醫院，港督麥當奴撥出上環普仁街一個地段，並資助興建。1872 年，東華醫院落成啟用。

東華醫院

國家醫院

薄扶林水塘

1848 年於中環開設的國家醫院，是香港第一間公立醫院，其後遷至西營盤。今日的西營盤賽馬會分科診所正是昔日國家醫院的院址。

1863 年，香港第一個水塘薄扶林水塘建成。1877 年薄扶林水塘擴建完成。

圖說香港大事──
1861年至1880年

香港開始興建各種基建，為日後的發展奠定基礎。

1862年，中華煤氣成立。

1865年，香港上海匯理銀行在香港成立，中文名稱於1881年改為香港上海匯豐銀行。

1878年，東莞縣僑商聯名上書港督軒尼詩，請准設立保良公局。1880年5月獲港督批准。1932年由上環搬至銅鑼灣現址。

1880年，香港首名華人大律師伍廷芳，獲委任為香港定例局（立法局）首名華人議員。

香港第一華人議員

這個星期六的晚上，馬冬東陪同外公明啟思教授，華爺爺帶同華港傑、華港秀，兩家人一起來到香港島乘搭電車，遊覽香港夜景。

　　他們坐在電車上層，一邊聽着電車發出的「叮叮」聲，一邊望着街上的五光十色。

　　「啊！香港第一個華人大律師和第一個華人非官守議員，真了不起！哈哈哈！」

　　聽見華港傑、華港秀正和他們的爺爺談着甚麼，坐在前面的馬冬東馬上站起來走了過去問：

　　「傑仔，你讚誰了不起呀？」

　　華港秀急忙開玩笑道：

　　「不要告訴他，讓他猜一猜。」

馬冬東瞪眼說：

「怎麼猜？」

華港秀說：

「香港歷史上的第一位華人議員是誰？」

馬冬東抓抓頭，尋思道：

「嗯，這個嘛……我未曾留意，不知道——」

這時，明教授走過來說：

「你們是講伍廷芳——伍才先生吧？」

華港傑答道：

「是的。聽爺爺說，他也是提議在香港興建電車系統的人啊。」

華爺爺說：

「沒錯。1881 年的時候，香港人口達

到 6 萬人左右，人力車、馬車和轎子等交通工具已經滿足不了需求，伍廷芳便在立法局動議引進電車系統，到了 1904 年電車便正式服務香港。」

明教授對馬冬東說：

「東東，你要好好記住了，伍廷芳是香港的第一位華人立法局議員，也是香港的第一個華人大律師，還是清末民初著名的外交家、法學家、書法家和政治家。」

馬冬東聽得舌頭都伸出來了，幾乎五體投地地說：

「哎呀，這伍廷芳議員，為甚麼會這樣了不起的？傑仔，你對他知道的有多少呢？」

華港傑說：

「爺爺剛才告訴我們，伍廷芳原籍廣東新會，出生於馬六甲，3歲的時候跟父親回廣州定居。13歲時曾經被綁架，逃脫以後，來香港聖保羅學院讀書，以優異的成績畢業。」

　　馬冬東說：

　　「他還是學生的時候，也這麼出色，難怪會成為偉人了。」

　　明教授說：

　　「伍廷芳在香港讀書的時期，還曾經創辦中文報紙《中外新報》呢。」

　　華港傑說：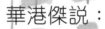

　　「他真是很優秀！後來又去英國倫敦學院攻讀法律學，取得大律師資格，

1877 年返回香港，成為獲准在英國殖民地開業的第一位華人大律師，打破了自從 1842 年以來，香港華人不准參政的局面。他又曾經署任裁判司。」

華港秀説：

「他後來被清朝政府請到北京，做法律和外交的工作，曾經出任過駐美國、西班牙、墨西哥、秘魯和古巴公使，又同孫中山大總統合作過。」

馬冬東説：

「他好厲害呀！」

明教授説：

「你知道伍廷芳對香港的最大貢獻是甚麼嗎？就是反對歧視華人，廢除公開笞刑，協助當時的港督軒尼詩實行開明的政策。」

馬冬東問：

「甚麼是笞刑？」

華爺爺説：

「就是政府為了保護自身的安全和香港社會安寧，對華人犯罪嚴苛執法，問吊、斬首等死刑固然存在，那時的獄卒，還會對華裔犯人動用殘酷無比的笞刑，即是用九尾鞭鞭打犯人肉體，

直到皮開肉綻，流血不止。伍廷芳議員幫助港督軒尼詩廢除了這不人道的九尾鞭笞刑，的確是功德無量！」

明教授說：

華港傑由衷地說：

「伍廷芳議員對香港作出這麼多貢獻，居功至偉。」

香港古今奇案

問答信箱

第4期

華港傑主持

奇案1 東華醫院是香港最古老的華人慈善機構嗎？

　　東華醫院創立於 1870 年，是最早建立的華人醫院，提供中醫服務，贈醫施藥，初期由華人捐款及政府資助。

　　19 世紀時，位於上環的廣福義祠收留不少患病垂危的華人，因為義祠環境惡劣而遭封閉，華人領袖於是倡議在附近興建華人醫院，獲港督麥當奴 (Richard Graves MacDonnell) 批准，1872 年東華醫院建成啟用，其後與成立於 1911 年的廣華醫院和成立於 1929 年的東華東院組成東華三院。

奇案2 香港的第一任港督是誰？

香港於 1842 年成為英國殖民地後，還沒有香港總督這一職位，直至 1843 年英國維多利亞女皇頒發《英皇制誥》，砵甸乍 (Henry Pottinger) 正式成為香港第一任港督。

砵甸乍在擔任港督以前，曾擔任英國駐華商務總監，當時清朝政府把他的名字譯作「璞鼎查」。

你能根據本章線索，介紹一下伍廷芳議員的生平嗎？

西醫學院與牛奶公司

明啟思教授、華偉忠爺爺和華港傑、
華港秀、馬冬東在公園散步的中途，走到
一座涼亭坐了下來，稍為歇息，同時欣賞
華燈初上的晚景。

不一會兒，明教授接到電話，説他的
大孫子、馬冬東的表哥明志輝考上了李嘉
誠醫學院，全家人都很高興，馬冬東的舅
父舅母明天約請吃飯，慶祝一番。

華港傑説：

「乜東東，很好啊！請代我恭喜你的大
表哥！」

華港秀馬上作出一本正經的樣子，揮
動拳頭對馬冬東説：

「是囉，你的大表哥，就是你的好榜
樣。乜東東，從這一刻開始，你就要向他

看齊，加油、加油、再加油啊！知道嗎？」

馬冬東說：

「不用你說，我都知道啦！」

華爺爺問明教授：

「李嘉誠醫學院，是不是最初叫做香港華人西醫書院的那一間呢？」

明教授說：

「正是。由白文信 (Patrick Manson) 親自創辦、並且當過首任院長的那一間。」

華爺爺說：

「太好了，我們敬仰的**孫中山**先生，也是在那間學校讀書畢業的。明教授，你的大孫子必定是個傑出的人材。」

明教授笑說：

「那也要靠他自己的努力才行。」

馬冬東眨眨眼睛，問：

「甚麼，是孫中山先生也入讀過的學院？創辦者白文信究竟是個怎麼樣的人？」

明教授說：

「他是一位蘇格蘭醫生，在晚清期間旅居中國，曾經到台灣、廈門和香港行醫，也可以說，他是孫中山先生的恩師。」

華港傑問：

「他在香港住了多少年？」

華爺爺答道：

「7年，那可是不簡單的7年啊。知道嗎？那時候的香港，環境非常差劣，蚊蟲鼠蟻成羣，各種傳染病流行，許多派駐香港的英兵難以適應，患病死亡率極高。」

華港傑說：

「哇！難道那時候香港沒有醫生嗎？」

華爺爺說：

「香港初期只有一艘醫療船提供醫療服務，雖然在 1843 年已出現私人醫院，但是要等到 1848 年第一間政府醫院才成立。」

華港傑恍然大悟地說：

「看來那時候的香港很缺乏醫療服務啊。」

華爺爺說：

「沒錯，白文信醫生舉家移居香港，在皇后大道開設一間私家診所，每天都要辛勤工作 10 至 12 小時。1887 年，白文信與**何啟爵士**等人創立香港華人西醫書院，白文信擔任創校校長，當時書院未有院舍，

於是使用雅麗氏紀念醫院作為教學醫院。」

華港秀問：

「白文信都這麼忙了，為甚麼還要創辦西醫書院啊？」

明教授說：

「那時候華人普遍抗拒西式醫療，香港華人西醫書院就是以訓練華人西醫、服務華人社區為宗旨，白文信在開幕典禮上致辭強調，要去愚昧、破迷信、棄守舊、除封建，以西洋醫學治百病，以真心誠意助科研。」

華港傑說：

「白文信可以稱得上是仁醫啊。」

華爺爺說：

「孫中山先生，就是第一批畢業於這間

115

醫學院的年青人。事實上，孫中山的革命和白文信醫生有着密切的關係。」

華港傑肅然起敬地說：

「爺爺，孫中山是我的偶像，請您多說一些來聽聽。」

華爺爺說：

「孫中山原先在廣州習醫，後來知道在香港有這樣一間西醫學院，就轉到這裏來。他曾經說過他的革命思想正是來自香港。事實上，孫中山不但在這裏學習了高明的醫術，還常常與各方志同道合之士討論革命。」

華港秀高興地拍手說：

「太好了！」

明教授説：

「還有一件事，白文信曾經救過孫中山的性命。」

華港傑和華港秀齊聲問：

「真的嗎？」

華爺爺點頭説：

「1896 年，孫中山被祕密囚禁在英國倫敦的清朝駐英使館內，當時也在倫敦的白文信接到消息後，馬上與孫中山的另一位老師康德黎 (James Contlie) 在報紙揭露，使清使館在強大的壓力下釋放孫中山。」

華港秀呼了一口氣，説道：

「好險啊！」

明教授説：

「除了與孫中山有很深的淵源外，白文信醫生對醫學界也貢獻良多，他與親密戰友羅斯 (Ronald Ross) 合作研究，發現蚊子是瘧原蟲的宿主，羅斯更因為這研究成果而獲得**諾貝爾醫學獎**。」

馬冬東説：

「真不得了。」

華爺爺説：

「白文信醫生不但對香港有貢獻，就是對清朝政府，也功不可沒。還在醫學院成立不久，白文信就應邀北上，到天津為清朝重臣李鴻章治病。那時李鴻章患舌疾，初時北方醫生判定為舌癌。白文信檢查後，診斷為舌底發炎含膿。即時以純熟的

手術放膿，令李鴻章迅速康復。他對白文信精湛的醫術大為折服，此後也成為白文信醫學院的捐助者。」

明教授說：

「還有一件事，你們不可不知。白文信除了醫學高明之外，還是香港牛奶公司的第一個創辦人。」

華港秀驚喜地問：

「真的嗎？他創辦的，就是出產新鮮牛奶的牛奶公司？」

明教授說：

「正是。早期的香港，市面上沒有新鮮牛奶供應，非常富有的人家，會從歐洲購買奶牛到香港，私人飼養，但牛奶的產量和質素都不好。」

馬冬東説：

「咦呀，真想不到，以前在香港要飲一杯新鮮的牛奶也這麼難，幸好我不是在那時候出世的，要不然，我這個一天也離不開牛奶的人，就不知道怎麼辦了！」

華港秀敲了他的頭一下，説：

「乜東東，不要亂説乜東東了，明教授伯伯的故事還沒有講完呢，我很想聽下去呀。」

明教授繼續説：

「白文信醫生當時看到那種情況，為了讓香港人有新鮮又比較價錢便宜的牛奶飲用，補充身體的營養，於是，就在香港薄扶林設立了第一個乳牛場，創辦了第一間牛奶公司。聯同五個朋友，由英國和澳

洲引入 80 隻乳牛進香港，又從美國和澳洲請來奶業專家經營。但開始的時候，困難重重。」

馬冬東問：

「為甚麼呢？」

華爺爺說：

「因為他們沒想到香港常常會刮颱風，影響交通，新鮮牛奶運不到中環去，甚至還會摧毀他們的養牛場。另外，就算沒有颱風，薄扶林一帶，地形比較陡斜，牛牛很難散步，有時甚至會跌斷腳。加上蛇患，往往牛奶還沒有擠出來，牛牛就被蛇咬死了。」

華港傑嘆息道：

「啊呀，真慘！」

明教授説：

「另一方面，當時還出現飼料不足的問題。日本人養豬養牛，會儘量用最好的頂級飼料，出產的豬肉和牛奶，質量才會好。香港牛奶公司飼養的乳牛，欠缺上好的飼料，所以出產的牛奶，並不算很好。後來進行改革，由外地購入飼料，然後用纜車直接運送上山。牛奶的品質才有了提高。」

華港傑説：

「嘩！用纜車運送乳牛飼料，真不簡單呢！」

明教授説：

「這也算是一種創舉吧。但也不能夠解決牛奶公司養牛場的所有問題。最嚴重的是有一次發生傳染病，整個養牛場的乳牛，幾乎無一倖免。公司虧了大本，面臨破產。好在有一個華人把僅剩的健康乳牛帶去別處飼養，避過風險。後來白文信返回英國，牛奶公司繼續堅持下來，一直發展到今天的規模。」

華港秀説：

「嘩，真是很艱難坎坷啊！最最喜歡喝新鮮牛奶的小妹我，從今以後，每逢喝牛奶的時候，一定會想起他老人家的大恩大德。」

大家聽了，都笑了起來。

1874 年香港受颱風吹襲，造成 2000 餘人死亡，史稱　　　　。1879 年英國皇家學會提出在香港設立氣象觀測台，1883 年香港天文台正式成立。

1887 年，白文信成立香港華人西醫書院，初期以位於荷里活道的雅麗氏醫院作教學醫院。同年，孫中山入讀香港華人西醫書院。

香港天文台

1886 年，白文信 (Patrick Manson) 成立牛奶公司，牧場位於薄扶林，並於 1892 在中環下亞厘畢道興建倉庫。

圖說香港大事──
1881年至1887年

香港的公共服務陸續投入服務。1882年，香港的第一家
電話公司成立，提供公共電話服務。

1884年，香港賽馬會成立。

大潭水塘

華商傅翼鵬承建大潭水塘，1883年首期
工程開始，1917年大潭水塘落成。

偵探
案件10

山頂纜車與老觀亭

學校開始放假了。

這一天，天氣很好，令人的心情也分外輕鬆、開朗。

明啟思教授邀請宋國康教授、華偉忠爺爺，還有華港傑、華港秀兄妹和馬冬東，一起上太平山頂遊覽觀光。

大家一起來到纜車站，只見這裏已經聚集了不少遊客，正在排隊上車。

馬冬東舉起手，扮着「超人」起飛的姿勢説：

「嘿——呀！起飛！」

華港秀在後面拍拍他的肩膀，説：

「乜東東，你在搞乜東東怪呀？」

馬冬東做了個怪臉，説：

「我要做超人，一下子就可以飛到山頂

上去了，多好！」

華港傑白了他一眼，説：

「你呀，就是愛胡思亂想。別再講那些乜東東了，還是老老實實地排隊等上纜車吧。」

馬冬東伸一伸舌頭，安靜下來。

華爺爺説：

「現在的香港人和遊客，全都可以坐纜車上山頂，方便又舒適，以前卻想也不敢想呢。」

正説着，輪到他們上纜車了，馬冬東和華港秀分別坐在靠近窗口的位置，可以隨着纜車的起動，把外面的風景看得真切。

華港傑問：

「爺爺，據説以前香港的華人，不能隨

便上山頂的，是嗎？」

華爺爺説：

「是啊。那要從 1868 年，麥當奴 (Richard MacDonnell) 做港督的時候説起。由於太平山是香港島最高的山，居高臨下，山上的樹木茂盛，環境清涼，他就選定這裏興建避暑別墅。鑒於香港氣候炎熱潮濕，漸漸地，搬上太平山居住，成為富豪名流推崇的風尚。」

華港秀聽了，忍不住問：

「太平山這麼高，那時候沒有山頂纜車，住在山上的人怎麼出入上落呢？」

華爺爺説：

「那時候的達官貴人、少爺小姐們往返山頂，就會聘用穿着整齊制服的轎夫抬

轎，轎子是作為特定的交通工具。」

馬冬東驚叫道：

「哎呀，抬轎上山頂，還要載人，做轎夫的真是辛苦死了。」

華爺爺說：

「1904 年，還正式把居住太平山定為上流社會以及外國使節的專有權利，直至 1947 年才被廢除。」

華港傑說：

「這樣的條例真不合理。」

華爺爺說：

「那時候歧視的問題非常嚴重，的確有很多不合理的地方。」

馬冬東問明教授：

「公公，山頂纜車是甚麼時候開始興建的？」

1881 年，有一位在蘇格蘭高原鐵路工作的工程師亞歷山大 • 芬梨 • 史密夫 (A. F. Smith)，向當時的港督軒尼詩 (John Hennessy) 提出建議，建設香港纜車鐵路。1882 年獲得政府批准，成立香港高山纜車鐵路公司，1888 年 5 月 30 日建成啟用。由當時的港督德輔 (Des Voeux) 主持剪綵儀式。

華港秀問：

「那時是不是所有香港居民都可以同樣乘搭纜車的呢？」

明教授説：

「不是的。話説 1926 年之前，規定山頂纜車的車廂座位分為三種：頭等，只供英國殖民地官員和太平山居民使用；二等，供英國軍人及香港警務人員使用；三等，給其他人和動物使用。」

華港秀説：

「用這種方法來分等級，很不合理啊！」

明教授説：

「還有呢。東東，你坐着的第一排位置，原來是任何人都不能坐，只留給港督

和港督夫人專用的，椅背還有一個銅牌，特別寫明：此座位留座於港督閣下。」

華港秀忽然叫起來：

「快看看！外面的海岸風景多美啊！」

大家一看，車窗口就像一幅立體風景畫，畫面色彩豐富，海光山色，雙輝交映。

沒多久，纜車正好到達山頂終站。

大家走出車廂，山頂餐廳、商場和凌霄閣等建築物赫然入目。

華港秀問：

「爺爺，這裏有多高？」

華爺爺說：

「有海拔 552 米吧。早在 19 世紀初，這太平山頂就已經成為貨船進入港口的航道地標了。走吧，我們到老襯亭上去看看

133

風景。」

華爺爺說着，帶領大家向前走，一直走到高高的凌霄閣上去。

這裏有一個很大很開闊的觀景台，還設立了幾座望遠鏡，供遊人使用。站在這裏放眼望去，中環和尖沙咀兩岸的繁華美景，盡收眼底。

華港秀說：

「爺爺，這裏明明是凌霄閣，為甚麼你要叫它做甚麼——老、老襯亭？」

華爺爺說：

「這裏改建之前，就是俗稱的**老襯亭**。」

馬冬東問：

「可是，我不明白，這老襯亭的老襯是甚麼意思？」

華爺爺説：

「在香港人講的粵語中，老襯有愚笨之人的意思。關於老襯亭的名稱有幾個傳説。」

華港秀立即感興趣地説：

「哈，又有故事聽。爺爺快説一説吧，我想全都知道。」

華爺爺説：

「第一種説法，是遊人很辛苦地登上了山頂的這個觀光亭，卻只是為了看一看風景，屬於很愚笨的行為；第二種説法，是源自 1950 年代流行的俗語：『從太平山頂望下去，老襯數不清』，意思是上山的人愚笨，可山下還有更多愚笨的人；第三種説法是站在山上，看到將會有被『搵老襯』、

受騙上當的人。」

馬冬東扮出一隻軟腳螃蟹的怪樣子來，叫苦道：

「弊！弊！弊！」

華港傑問：

「乜東東，你在搞乜東東啊？」

馬冬東説：

「慘了，我今天做了老襯啦！」

華港秀伸出腳站馬步，作出打拳的英姿，打一下，喊一聲：

「嘿！嘿！嘿！」

馬冬東驚問：

「咦，秀秀，你又要搞乜東東呢？」

華港秀説：

「我堅決不做老襯，一心一意要學李小

龍，自強不息。等一下我就進去蠟像館，拜見我的偶像大師李小龍！」

宋教授說：

「好，小姑娘有志氣！我舉手支持你，也要去見香港的英雄李小龍！哈哈哈！」

「哈哈哈哈哈！」

大家都放聲笑起來。

1894 年香港爆發鼠疫，疫情一發不可收拾，超過 2000 人死亡，約三分一人口逃離香港。

天星小輪

快活谷馬

1893 年 1 月 18 日，有人目擊山頂一帶降雪，香港天文台當日未有降雪報告，但在 20 世紀 60 至 70 年代，香港天文台卻有四次降雪報告。

圖說香港大事——
1888 年至 1894 年

自 19 世紀末，爆發有史以來最大規模的鼠疫後，直至 20 世紀 30 年代間，鼠疫幾乎每年都在香港出現。
1890 年，最早的革命組織輔仁文社在中環成立。
同年，香港電燈公司首次生產電力。

> 1880 年，「九龍渡海小輪公司」成立，數年後遮打 (Paul Chater) 買下該公司全部小輪，1898 年遮打正式成立「天星小輪公司」。

> 1891 年 1 月 3 日，快活谷馬場舉行熱氣球升空表演，這是香港航空歷史的新一頁。

> 1888 年，山頂纜車啟用，早期被稱為登山火車或登山電車。

太平山大鼠疫

這天吃飯之前，華港傑、華港秀一家人坐在客廳裏看電視。

只見正在播放預防登革熱病的宣傳短片：

「……在前往熱帶及亞熱帶地方時，請採取預防登革熱的措施……身體外露的部分要塗上驅蚊劑……」

華港秀突然伸出雙手在空中用力一拍，再攤開手掌一看，臉上露出失望的神色説：

「蚊子真的很煩人！晚上被牠們叮得手腳又腫又癢，又睡不好，很討厭呀！」

華港傑：

「最可惡的是，蚊子會傳播多種致命疾病。」

華港秀大吃一驚：

「不要嚇唬我！我幾乎每晚都會被蚊子叮啊！」

華媽媽說：

「由蚊子引致的傳染病就有瘧疾、日本腦炎、登革熱和近期受到關注的寨卡病等等，絕不是危言聳聽。」

華港秀害怕得說不出話來。

華爸爸說：

「只要注意家居及個人衛生，做足防蚊措施，我看也不用太擔心的。」

華爺爺說：

「事實上在一個世紀以前，香港也被一種由動物傳播的疾病害得人心惶惶，你們知道是甚麼嗎？」

華媽媽說：

「是黑死病，對吧？」

華港秀問：

「黑死病？我沒聽見過這名字。」

華爺爺說：

「黑死病就是鼠疫，1894 年的香港就爆發了一場鼠疫，由於當時對鼠疫還是一知半解，所以死了很多人啊。」

華港傑說：

「那時香港病死了多少人？」

華爺爺說：

「剛剛開始傳染的 1894 年，短短的 4 個月之內，就病死了 2500 人。由 1894 年至 1926 年的 30 年裏，香港市民不斷地同鼠疫搏鬥，死於這個病的人數達到 2 萬

多。」

華港秀雙眼圓瞪，説：

「2 萬多人？真可怕！這鼠疫是個甚麼樣的流行病？為甚麼死亡率這樣高的？」

華爸爸説：

「這種流行病可以説是人類歷史上最令人恐懼的一種，因為會令病人體內出血，死後皮膚還會出現黑斑，所以又叫做**黑死病**。曾經在 14 世紀的歐洲爆發過。惡劣的居住條件和環境衛生是傳播的主因。但是在落後的時代，根本無法查明鼠疫的真正病因和治療方法，所以得病而死的人近億計。」

華港傑問：

「香港的鼠疫是從哪裏傳來的？」

華爺爺說：

「是在 1894 年春天，先由中國的雲南傳到廣州，大規模地爆發，從 2 月到 5 月，已經導致超過 5 萬人死亡。當時廣州香港兩地交通頻繁，從廣州到香港的輪船，每天有三至四班，每週從廣州抵港的人數超過 1 萬人。疫症在廣州爆發後，有不少人從廣州到香港暫避。」

華港傑說：

「那怎麼行？香港比廣州地方更小。」

華媽媽說：

「就是啊，而且早期大部分華人的居住環境更差更擠迫。」

華爺爺說：

「那時位於西營盤的公立醫院，發現了

第一宗鼠疫病例，接着在東華醫院又發現了 20 個病人。另外，政府接報已經有 40 多個華人患病死亡。病者多數來自上環華人貧困者聚居的太平山街。香港政府立即宣佈香港為發生鼠疫的疫埠。」

華爸爸説：

「這個病真是來得很兇猛，那時的香港醫術並不高明，對這個病真是一無所知，而且，政府一直以來都忽略醫療服務，因此疫症一發不可收拾，控制疫情是困難重重，難以想像。」

華爺爺説：

「當時政府強令患病者隔離治療，全部送到醫院船『海之家』去，就是在西環對開的維多利亞港上，作為專門醫治鼠疫的

隔離病院，又在堅尼地城警署成立臨時醫院。並且對曾有人染上疫症的民居進行清洗消毒，又規定鼠疫死者的屍體，必須交由政府處理。」

華港傑問：

「這樣做有效嗎？」

華爺爺搖搖頭說：

「很難。那時大部分香港華人對西醫西藥有誤解和恐懼，更拒絕將病人送去隔離治療。謠傳會被送往歐洲製成藥粉，導致許多華人有病也偷偷隱瞞，甚至逃離香港。如果病人死在家裏，屍體被拋到街上，也不願通報政府。」

華港秀打了一個冷顫說：

「那不是像恐怖電影喪屍片那麼嚇人

嗎？」

華媽媽説：

「我想那時的香港情景也相差不遠了吧。」

華爺爺説：

「在鼠疫流行的最高峯時期，香港每天有 80 人感染，死亡人數每天超過 100 人。根據政府有關方面的統計，患病的 1204 名華人，死了 1100 名，是名副其實的九死一生。」

華港傑説：

「那怎麼辦？疫情這麼嚴重，政府有沒有進一步採取措施？」

華爺爺説：

「他們強行徵收鼠疫最集中的太平山

街，將那裏的住宅夷為平地，用石灰徹底消毒、清洗，就是俗稱的所謂**洗太平地**，永遠禁止在該處建住宅，而改建成現在的卜公花園。」

華媽媽説：

「原來洗太平地的典故是這樣來的，今時今日香港大搞清潔運動的時候，人們還會這樣説。」

華爺爺説：

「為了控制疫情，政府成立**香港病理研究中心**，邀請各國的科學家來幫助，包括日本著名科學家北里柴三郎和法國醫生耶爾贊 (Alexandre Yersin)。首次在香港分辨出導致鼠疫的病原體**鼠疫桿菌**，揭開了黑死病的神秘面紗，為防治鼠疫邁開了重要

的一步。後來，終於成功製成對抗鼠疫的
血清。」

華港傑説：

「這樣，鼠疫終於得到了控制，對
嗎？」

華爺爺説：

「還沒有，直至上世紀 30 年代，鼠疫
幾乎每年都在香港出現。當時政府會把老
鼠箱掛在燈柱上，鼓勵市民把死老鼠放在
箱中，杜絕鼠患。」

華港秀興奮地説：

「原來『電燈柱掛老鼠箱』這句説話是
這麼來的！不知以前的老鼠箱是甚麼樣子
的呢？」

華爸爸説：

「秀秀，你想看老鼠箱的樣子嗎？爺爺講的那一間香港病理研究中心，現在已經改成為**香港醫學博物館**，裏面展覽了當年香港人抗鼠疫的真實情況，展品還包括了老鼠箱呢。以後有空，我可以帶你們去參觀。」

華港傑和華港秀一齊説：

「好啊，我一定要去看看！」

香港
古今奇案
問 答 信 箱

第5期

華港傑 主持

奇案1

傳聞 1893 年的香港曾經下雪，這是真的嗎？

　　關於 1893 年香港曾下大雪的傳聞，根據香港天文台的紀錄，當年並沒有降雪紀錄，這是誤傳。

　　不過，香港天文台確實有 4 次香港降雪的報告，分別是 1967 年 2 月 2 日、1967 年 12 月 13 日、1971 年 1 月 29 日及 1975 年 12 月 14 日。根據報告，1 次在哥連臣角有微小白色雪粒，其餘 3 次在大帽山近山頂有雪花降下。

香港天文台網頁的香港
降雪報告摘要

奇案2 香港第一個水塘建於何時？

　　薄扶林水塘是香港第一個水塘，於 1863 年竣工。香港開埠初期，食水主要來自山澗溪流或地下水源，有些原居民甚至用竹枝築建渡槽，把河水引進自己的家園。

　　後來人口不斷增加，多數聚居在港島西北部，政府急需開發水源，1859 年便以 1000 元作獎金招募供水建議，勝出者是英國皇家工程署的工程師羅寧 (S.B.Rawing)，他的建議就是在薄扶林谷興建水塘。

奇案3 香港第一間細菌檢驗所成立於哪年？

　　1905 年興建，翌年啟用的香港病理學院，是香港首間細菌檢驗所。1972 年學院遷往薄扶林，舊大樓於 1995 年成為香港醫學博物館。

開放時間：

星期二至星期六	上午 10 時至下午 5 時
星期日及公眾假期	下午 1 時至 5 時
星期一、聖誕日、	
元旦及農曆年初一至初三	休息
聖誕前夕及農曆年前夕	上午 10 時至下午 3 時

地址：香港上環半山堅巷 2 號

奇趣香港史探案 2
開埠時期

編著　　周蜜蜜
插畫　　009
責任編輯　蔡志浩
裝幀設計　明　志　無　言
排版　　盤琳琳
印務　　劉漢舉

出版　　中華書局（香港）有限公司
　　　　香港北角英皇道 499 號北角工業大廈 1 樓 B
　　　　電話：（852）2137 2338　傳真：（852）2713 8202
　　　　電子郵件：info@chunghwabook.com.hk
　　　　網址：www.chunghwabook.com.hk

發行　　香港聯合書刊物流有限公司
　　　　香港新界荃灣德士古道 220-248 號荃灣工業中心 16 樓
　　　　電話：（852）2150 2100　傳真：（852）2407 3062
　　　　電子郵件：info@suplogistics.com.hk

印刷　　迦南印刷有限公司
　　　　香港葵涌大連排道 172-180 號金龍工業中心第三期 14 樓 H 室

版次　　2016 年 9 月初版
　　　　2022 年 6 月第 2 次印刷
　　　　© 2016 2022 中華書局（香港）有限公司

規格　　16 開（200mm x 152mm）

國際書號　978-988-8420-38-4